FATCHI ENCYCLOPEDIA

肥志百科2

原來你是這樣的植物 B篇

肥志　編繪

時報出版

肥志百科2 原來你是這樣的植物 B篇

編繪　肥志
主編　王衣卉
企劃主任　王綾翊
全書排版　evian

第五編輯部總監　梁芳春
董事長　趙政岷
出版者　時報文化出版企業股份有限公司
一〇八〇一九臺北市和平西路三段二四〇號
發行專線　（〇二）二三〇六六八四二
讀者服務專線　（〇二）二三〇四六八五八
郵撥　一九三四四七二四 時報文化出版公司
信箱　一〇八九九臺北華江橋郵局第九九信箱
時報悅讀網　www.readingtimes.com.tw
電子郵件信箱　yoho@readingtimes.com.tw
法律顧問　理律法律事務所　陳長文律師、李念祖律師
印刷　和楹彩色印刷有限公司
初版一刷　2023年1月13日
定價　新臺幣450元

時報文化出版公司成立於一九七五年，並於一九九九年股票上櫃公開發行，於二〇〇八年脫離中時集團非屬旺中，以「尊重智慧與創意的文化事業」為信念。

肥志百科 2：原來你是這樣的植物 B 篇 / 肥志編繪 . -- 初版 . -- 臺北市：時報文化出版企業股份有限公司 , 2023.01
192 面 ; 17*23 公分
ISBN 978-626-353-270-0(平裝)

1.CST: 科學 2.CST: 植物 3.CST: 漫畫

307.9　111020343

目錄

榴槤的原來如此 001
西瓜的原來如此 031
大蒜的原來如此 063
荔枝的原來如此 095
草莓的原來如此 127
竹子的原來如此 157

榴槤的原來如此

2018 年底，

瑞典

打造了一家很**奇葩**的**博物館**，

名叫——

這**裡面**有

義大利的**活蛆乳酪**、

關島的**蝙蝠湯**，

還有……

榴槤！

對，沒錯！是**榴槤**……

這**消息**一出，
討厭榴槤的人便開始**爭相走告**了！

而**愛榴槤**的人呢，
就很**不爽了**……

那麼，

榴槤到底是什麼**極品水果**，

讓這麼多人**又愛又恨**呢？

榴槤

原產自**東南亞**，

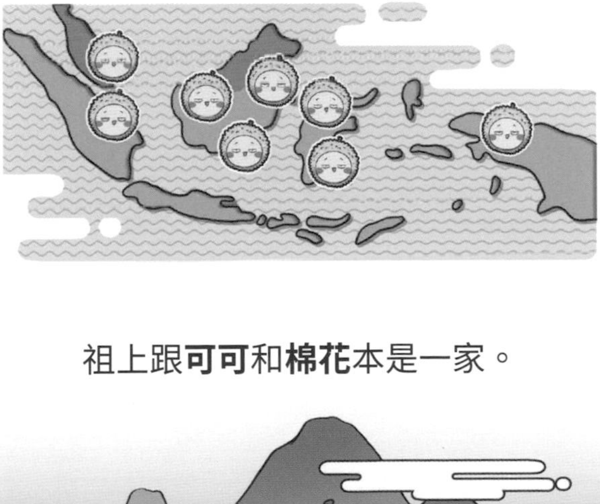

祖上跟**可可**和**棉花**本是一家。

直到大約 **6000 萬年前**，

榴槤才開始**獨立進化**。

我們通常說的**「榴槤」**，

其實**只是**榴槤屬中的**一種**。

榴槤屬
Durio zibethinus
Durio dulcis
Durio kutejensis
Durio graveolens
Durio macrantha

經過多年的**人工培育**，

這才跟**家常水果**畫上了**等號**。

榴槤 NT.140 元/斤

相比**其他**熱帶亞熱帶**水果**，

榴槤的氣味**濃郁刺鼻**，

外觀……還特別**霸氣**！

所以**東南亞**人民給它**取了個**

響亮的**外號**——

這本來只是**當地**的

一種**普通水果**，

但東南亞這種**特產**

又是怎麼**紅出「圈」外**的呢？

中國**最早**關於榴槤的**記載**
出自明朝的**《瀛涯勝覽》**，

書中記載道：

有一等臭果，
番名賭爾焉，
如中國水雞頭樣
長八九寸
皮生尖刺
熟則五六瓣裂開，
若爛牛肉之臭。

裡面提到的**臭果**——

「賭爾焉」

就是東南亞馬來語中

「榴槤」的**音譯**。

當年**鄭和下西洋**，

除了與沿途國家**建交**、**通商**之餘，

還專門派人**收集**當地的**奇珍異寶**。

榴槤就是這時
被鄭和的船隊**發現並記錄在案**的，

然後還明確說它
臭得跟爛牛肉一樣……

而**值得一提**的是，

在那**之後不久**，
一位叫**尼古拉・達・康提**的
義大利**旅行家**

也在東南亞**見識了榴槤**。

(我猜他也覺得臭吧……)

所以，幾乎在**同一時期**，
東西方世界都**知道了榴槤的存在**。

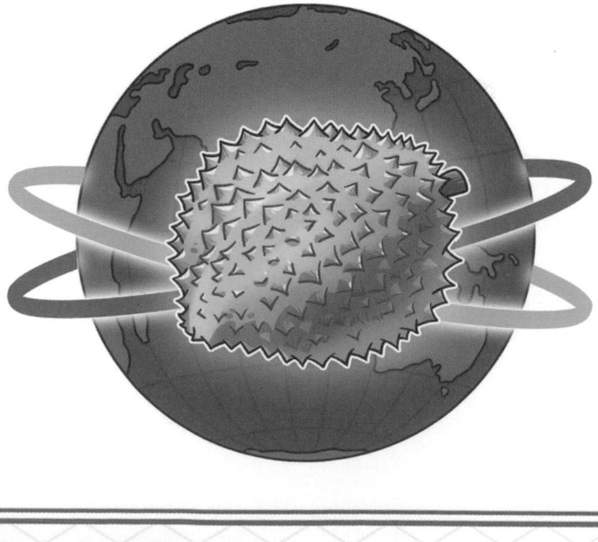

話雖如此，
榴槤在東西方的**待遇**可就
天差地別了……

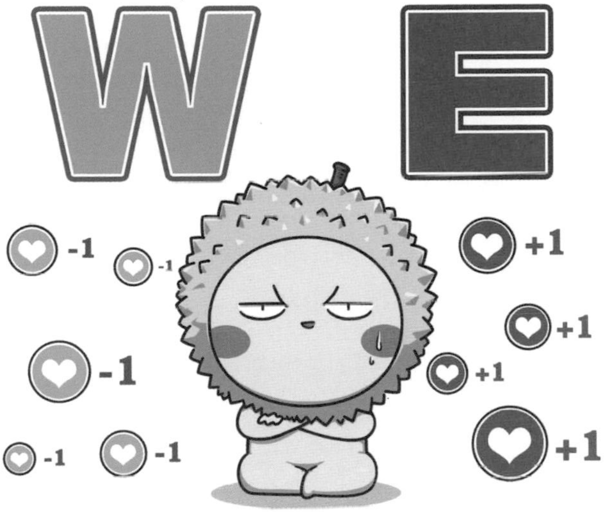

因為**氣味太刺鼻**，
榴槤讓很多西方人**望而卻步**。

直到 **1825 年**，

才作為**觀賞植物**引種至英國。

而在**中國**呢？

簡直是**超愛**！

奶黃色的果肉**又軟又嫩**，

只要你能**適應**它的**氣味**，

時時刻刻讓你**成為**它的**「奴隸」**！

至今，中國竟成了**全世界**

進口榴槤**最多**的國家。

榴槤不但被拿來**當水果**，

還被做成**各式甜點**。

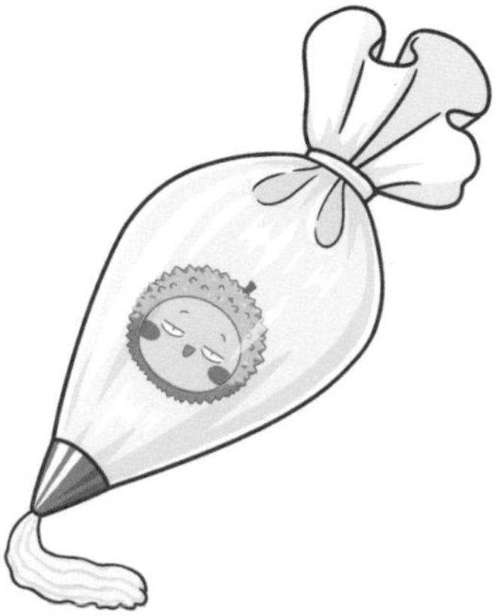

例如：

傳統的**榴槤酥**、

榴槤千層、

榴槤薄煎餅，

還有近年紅遍全國的**榴槤披薩**……

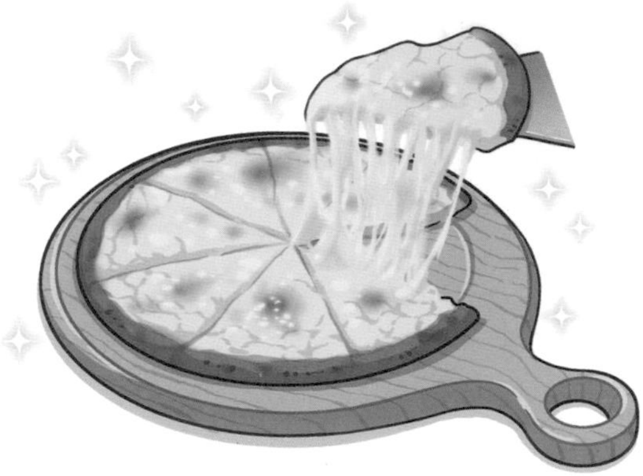

咳咳……總之，

氣味什麼的對我們來說

似乎根本**不是問題**……

當然，

不吃榴槤的人也不在少數。

新加坡甚至**明文規定**：

禁止攜帶榴槤乘坐公共交通。

違者可能**遭到**

最高 500 新加坡元的**重罰**！

那麼，**榴槤**

到底是個**什麼味道呢**？

科學家們透過研究發現，

榴槤的氣味裡主要含有**兩種成分**：

一種是揮發性**硫化物**，

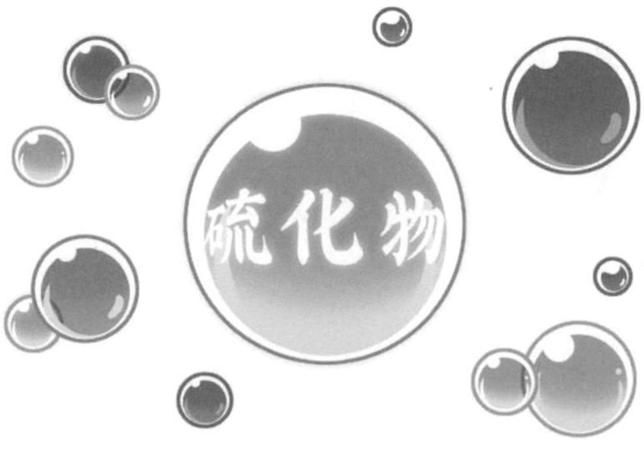

會散發出諸如：
硫磺、**臭雞蛋**的味道；

另一種則是有助於產生
果香的酯類。

所以，
榴槤的**味道**應該是
「很臭……也很香」。

而人類對氣味的**敏感程度**
會因為**基因不同**而不同，

對臭味更**敏感**的人
自然就**體會不了**榴槤的美妙啦！

說到底，
榴槤**臭不臭還是看人**。

就是不知道會不會**有一天**，
人類能**找到**讓榴槤
只香不臭的辦法呢？

欸，無所謂啦，
反正我愛吃！

【完】

附錄

【播種助手】

果實為肉質的植物通常靠鳥類傳播種子，但因為榴槤外殼堅硬帶刺，往往得依靠體型更龐大的動物，例如：猴子、鹿，甚至老虎、大象等動物來打開外殼，吞食果肉，最後以排泄等方式幫助榴槤完成播種。

【只香不臭】

目前有多種實驗試圖消除榴槤的臭味，主要有臭氧除臭的化學方法、活性炭吸附臭味的物理方法，以及用檸檬精油等掩蓋臭味的感覺消臭法。隨著各項研究的進展，不久的未來也許就會誕生「只香不臭」的榴槤啦！

【頭號粉絲】

中國對榴槤的消費非常狂熱。2017 年至 2020 年，中國的年均榴槤進口量超 45 萬噸；2019 年起，榴槤更是超越櫻桃，成為中國進口量最大的水果，而其中 90% 以上的新鮮榴槤，都是從泰國進口的。

【營養過剩】

民間有「一個榴槤三隻雞」的說法，是指吃一個榴槤獲得的營養，相當於進補三隻雞。榴槤確實含大量糖分、蛋白質和多種微量元素，營養甚至豐富到「過剩」的程度，如果一次吃太多，還會難以吸收，導致消化不良。

附錄

【成雙成對】

榴槤被稱為「水果之王」，人們還給它許配了一位「水果之后」，就是山竹。這是因為熱帶地區的人們通常認為榴槤性熱，吃了以後容易上火，而山竹性涼解熱，兩種水果搭配吃才最合適，於是便將它們「綁定」了。

【榴槤香水】

榴槤果實雖然有奇特的臭味，但榴槤花卻有類似優酪乳的香氣。近年來馬來西亞通過提煉榴槤花的精華，開發出一款「榴槤香水」，不僅香氣清新、味道適中，還呈現出榴槤的淺黃色澤，成為當地最受歡迎的特產之一。

另外就是

說到榴槤，有人喜，有人厭。雖然在味道上難以達成共識，但對於榴槤的價格，大家都有同樣的默契：貴。相對便宜的金枕榴槤，一般售價也在每公斤一百四十元，是香蕉的數倍。稍有名一點的貓山王榴槤，售價更是高達每公斤八百元。

那榴槤憑什麼賣這麼貴呢？一個主要的原因是榴槤在中國一直是一種進口貨。例如：普通的金枕榴槤原產自泰國，本來就不便宜，加上運輸和保鮮的成本，價格自然低不到哪去。而「高貴」的貓山王榴槤更不一般：它對氣候的要求極為嚴苛，只在馬來西亞的極少地區生長；好不容易結果，提前採摘了不能食用，採摘後保鮮期只有三天，還要冷凍運輸，簡直堪稱「樹上的黃金」。

而為了讓大家吃得起榴槤，中國早在一九七〇年代就開始在海南進行榴槤的改良與栽培，二〇一九年「嬌貴」的貓山王榴槤也在三亞試種成功。或許以後本土榴槤會讓大家大飽口福。

肥志與小黃

四格小劇場

【第7話　家事高手】

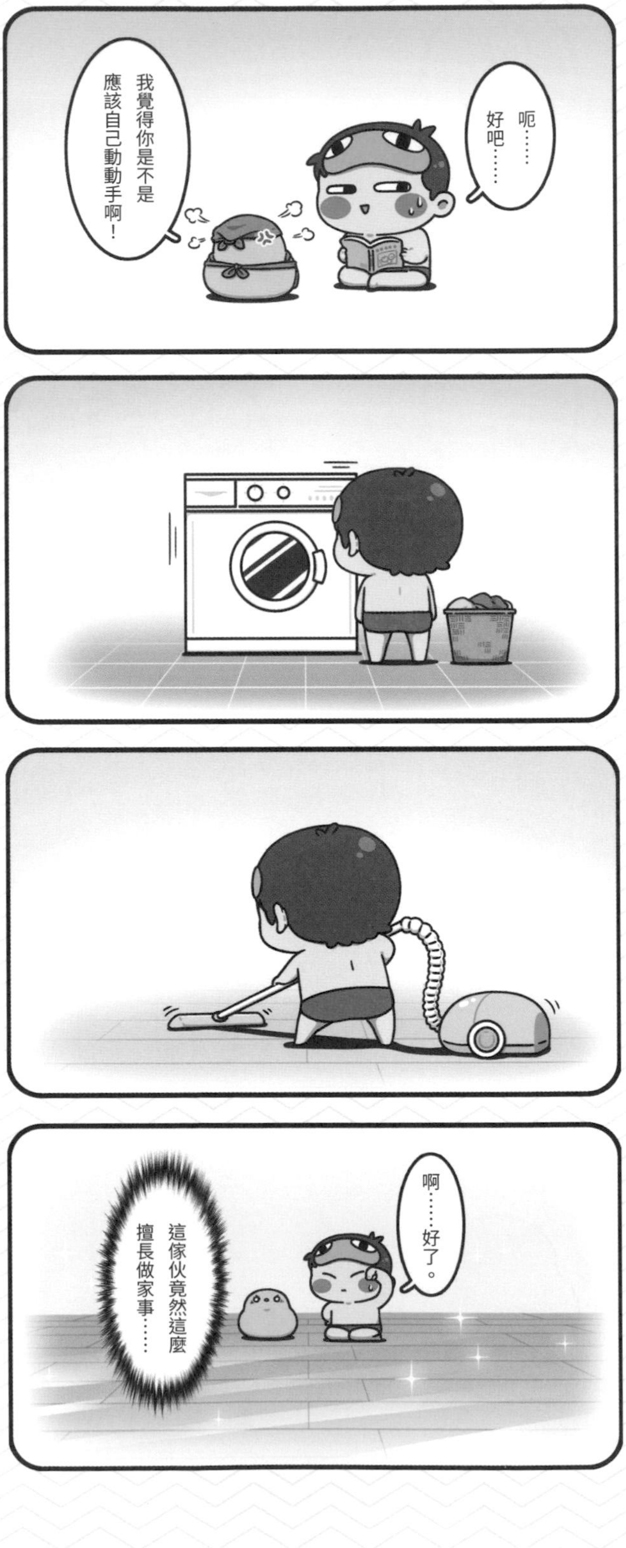
我覺得你是不是應該自己動手啊！
呃……好吧……
啊……好了。
這傢伙竟然這麼擅長做家事……

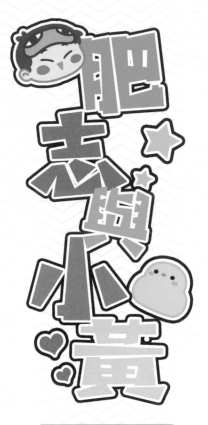

西瓜的原來如此

夏天到了，

如果要**選擇**一種**水果**來解渴，

你會**選擇**什麼呢？

那當然是

西瓜啦！

紅紅的！**甜甜**的！**水水**的！

如果**再**放進冰箱裡**冰**一下……

那簡直是**世界的瑰寶**！

可是，
這種**美味**的水果
究竟是**怎麼來**的呢？

這還得從頭說起——

大約 800 萬～ 1400 萬年前，

西瓜就出現在**非洲**的土地上！

我們**常說**的西瓜，

其實只是

「西瓜屬」大家族中的一員。

雖然「西瓜屬」成員**長得**都

差不多……

但它們**有的**肉質很**硬**，

有的甚至**有毒**……

古埃及人和**古利比亞**人
很早就開始**種植**西瓜，

不過，
那會兒的瓜可**不**像現在這麼**甜**。

按照**《聖經》**的記載，

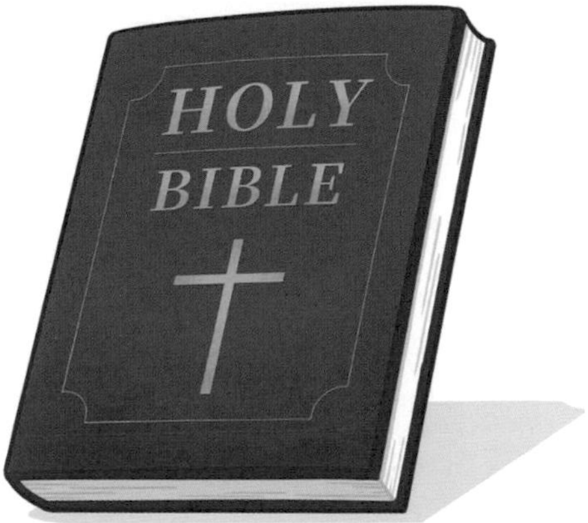

西瓜在**古埃及**時期經常跟

黃瓜、**蔥**、**蒜**……放在**一起講**。

也就是說，

西瓜在**早期**的**身分**……

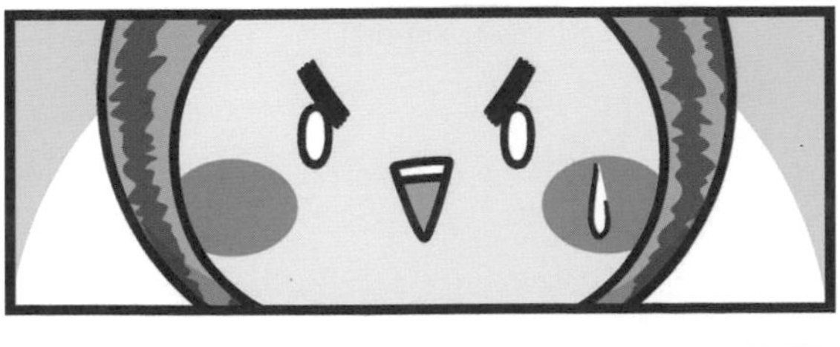

其實……是**蔬菜**。

可說是這麼說，
西瓜**「圈粉」**的步伐
卻並沒有被阻擋。

在不斷地**改良**和**培育**下，

西瓜變得**越來越甜**，

加上**耐旱**又**好養活**的習性，

西瓜開始慢慢**衝出非洲**，

奔向**全世界**！

那麼……

西瓜又是怎麼**進入**中國的呢？

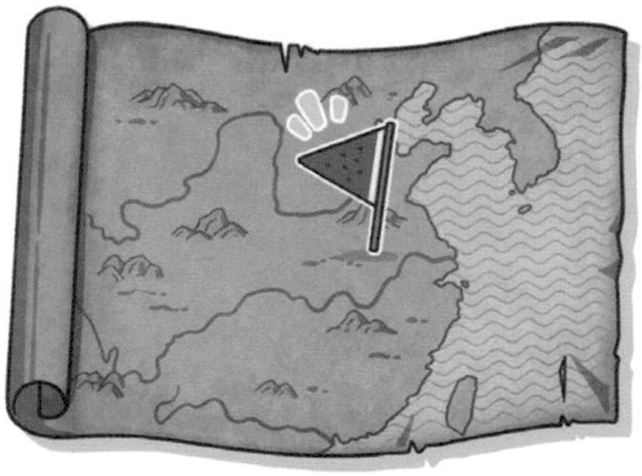

北宋的**《新五代史》**中

有這麼一段：

遂入平川，多草木，始食西瓜。雲契丹破回紇得此種，以牛糞覆棚而種，大如中國冬瓜而味甘。

大意是在**五代後晉時期**，

我們就有人**吃過**西瓜。

不過，

吃歸吃……

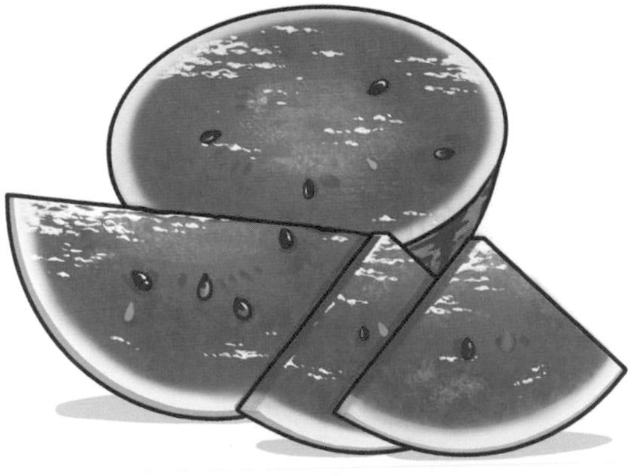

西瓜能在**華夏**大地上**普及**，

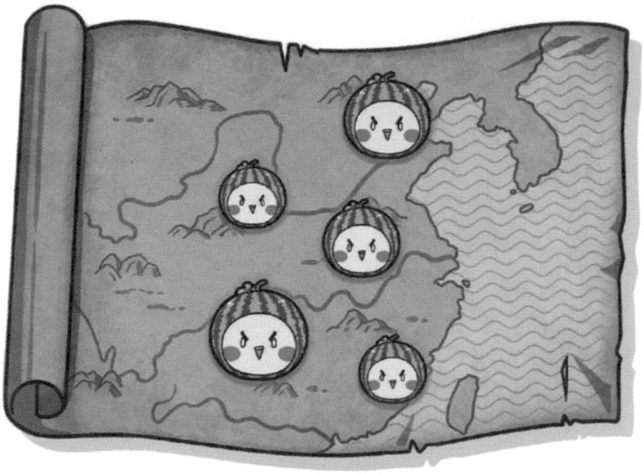

這還**多虧了**另一個**南宋官員**，

他就是**洪皓**！

西元 1129 年，
洪皓奉命**出使**金國**議和**。

結果呢……
被扣了下來**當人質**……

然後被關在一個叫**冷山**的地方
教金人漢文化。

而正是在那裡，
洪皓**看到**了當時仍然**罕見的**西瓜，

等到後來**被釋放**，
他順便就把種子**帶回**了南宋。

西瓜這才在大江南北大面積**推廣**。

然而，

你如果以為這就是西瓜的故事，

那就太**低估**我們

對**「食物」**的理解了。

除了美味的**瓜瓤**外，

瓜子也是一種「瑰寶」！

西瓜子在**明清時期**極受歡迎，

明朝時期，
甚至有**皇帝**帶頭**研發炒瓜子**……

到現在，
西瓜子和**葵瓜子**、**南瓜子**
已經被稱為**「中國三大瓜子」**。

西瓜的原來如此

瓜肉好吃，瓜子好嗑，

西瓜在我們心中的**分量**

自然**與眾不同**！

根據 2018 年

聯合國糧食及農業組織（FAO）的**統計**，

中國西瓜**產量**超過 **6300 萬噸**，

世界排名第一！

人均消費量更是
世界 GDP 水準的 **3 倍多**！

（真不愧是吃瓜群眾啊⋯⋯）

而根據科學家的**研究**，

西瓜除了好吃以外，

似乎還是難得一見的**營養水果**。

不但**維生素**、**礦物質**樣樣**不少**，

還富含天然的**抗氧化**王牌——

「茄紅素」！

很多人都知道

番茄是茄紅素的**天然來源**，

但實際上，

西瓜的茄紅素**含量**

不僅比番茄**多 40%**，

（每 100g 新鮮瓜瓤含 2.3-7.2mg 茄紅素）

而且**不用烹飪**

就可以**直接**被人**吸收**。

所以，

作為**「吃瓜黨」**，

我們收穫的可不只是

甜滋滋的**口感**，

還是「永保青春」的靈藥。

從**野生**的果實，

到後來的**「蔬菜」**，

再到健康好吃的**水果**，

西瓜可以說是
人類理解和改造自然的一個**傑作**。

能站在前人的肩膀上吃瓜，
並把**「吃瓜」的精神**發揚下去，

嘿嘿，
真是件挺幸福的事啊！

【完】

附錄

【極度怕冷】

西瓜是一種害怕寒冷、喜歡溫暖的水果。在生長過程中，如果氣溫低於 15°C，西瓜種子就無法發芽；而一旦低於 5°C，西瓜就會受到凍傷，甚至立刻死亡。所以種植西瓜時必須時刻注意「保暖」。

【西瓜三色】

西瓜瓤除了紅色，還有黃色和白色。三種顏色的西瓜在營養成分、口感等方面基本沒有差別，只是因所含色素不同才出現顏色差異，如紅瓤含更多的茄紅素，黃瓤含更多的胡蘿蔔素，而出現白瓤則是因為一種名叫黃素酮類的物質。

【芝麻西瓜一手抓】

種植西瓜時，為使其果實之間不碰撞，播種的行距要留很大。人們便在這些空間裡栽培芝麻，不僅一地兩用，節省肥料，而且能實現芝麻和西瓜雙豐收。民間還由此誕生了「要發家，脂（芝）麻瓜」的諺語。

【宮廷名菜】

清朝有一道宮廷名菜，叫「西瓜盅」，把西瓜瓤挖去，以西瓜皮做容器，在裡面放入雞丁、火腿丁、蓮子和龍眼等，隔著水來燉，味道清醇鮮美。隨著時代變遷，這道名菜也已走出宮廷，在許多華人地區普遍流行了。

附錄

【永不過氣】

西瓜自傳入中國，就受到了文人名士的追捧，例如：宋代的文天祥曾專門作《西瓜吟》，稱西瓜「千點紅櫻桃，一團黃水晶。下嚥頓除煙火氣，入齒便作冰雪聲。」清代紀曉嵐也誇西瓜「涼爭冰雪甜爭蜜」，讚譽極高。

【一口一個】

世界上最小的西瓜學名叫「佩普基諾」，由荷蘭的一家公司研發，它的果實只有2-3公分，和水果小番茄差不多大，並且味道偏酸甜，口感似黃瓜，表面光滑無刺，可以不去皮直接食用，也能做蔬菜沙拉或醃製。

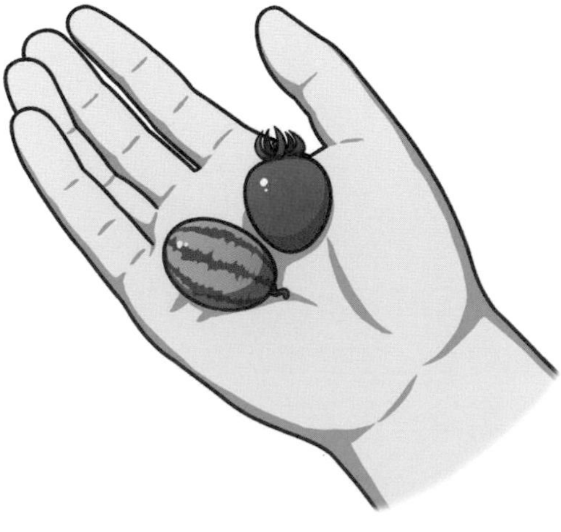

另外就是

一千多年來，中國人對西瓜的熱愛不僅沒變，還發展出「吃瓜」的新涵義——在網路上，「吃瓜」代表採取旁觀的態度。

但在美國，可不能隨便拿「吃瓜」開玩笑。十七世紀，歐洲移民者把西瓜帶到北美後，就把種西瓜的任務交給了非洲奴隸，但收成都歸白人農場主所有。本來就歧視奴隸的農場主們，看非洲奴隸們被賞賜一塊瓜就能開心半天，更看不起他們。

即使奴隸制被廢除了，白人對「黑人愛吃瓜」的偏見卻留了下來。他們以西瓜種起來簡單，甜甜的卻沒什麼營養，吃起來還邋遢為由，說西瓜是代表懶惰、幼稚、骯髒的水果。乍看是挖苦西瓜，其實是諷刺愛吃西瓜、擅長種西瓜的非裔美國人。

雖然現在這種偏見慢慢淡化，但西瓜在中美的不同涵義告訴我們，不僅要尊重和瞭解歷史，更要用包容、開放的態度去對待別人。在網上「吃瓜」，也是如此唷。

肥志與小黃

四格小劇場

【第8話　原因】

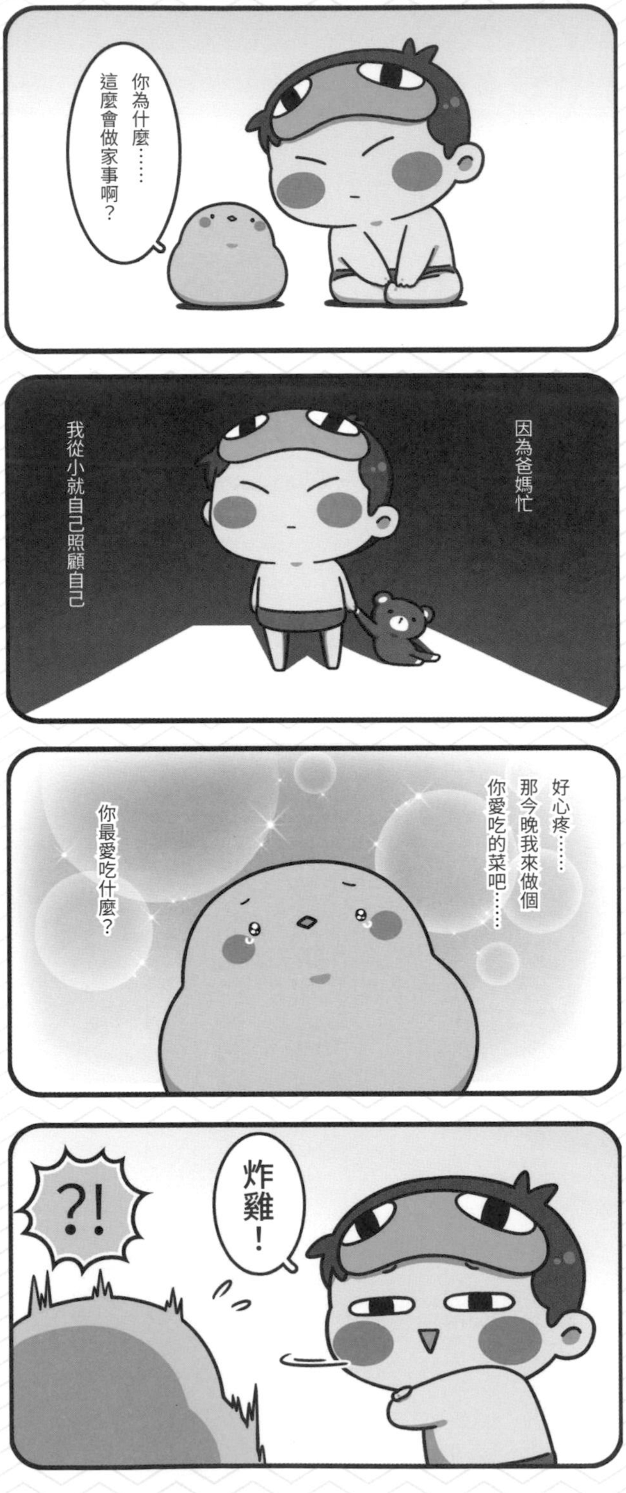
你為什麼……這麼會做家事啊？
因為爸媽忙
我從小就自己照顧自己
好心疼……那今晚我來做個你愛吃的菜吧……
你最愛吃什麼？
炸雞！
?!

大蒜的原來如此

一道**好吃**的菜，

除了**食材優質**，

烹調**精湛**外，

恰當的**調味佐料**
也非常重要！

而在眾多佐料中，
卻有一個**褒貶不一**的傢伙……

它就是**大蒜**！

喜歡它的人頓頓**離不開**它，

討厭它的人呢，

就**嫌棄**得不行……

甚至連**喜歡它的人**

都會**一起**被**嫌棄**……

所以，

大蒜為什麼會有這麼**大**的**威力**呢？

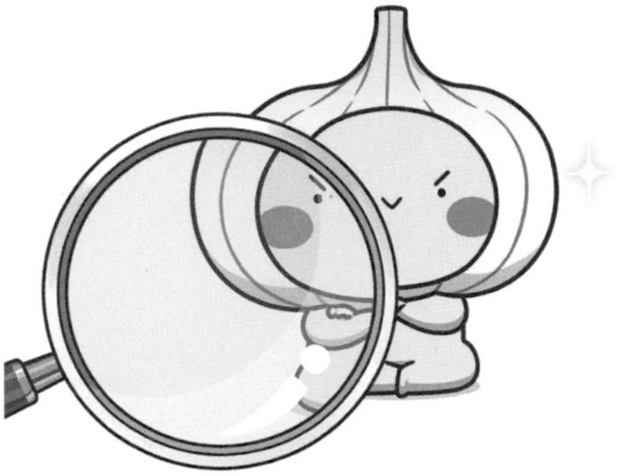

大蒜，

石蒜科蔥屬的草本植物，

有著**圓滾滾**的**鱗莖**和**細細**的**葉子**。

它原產於**中亞**和**西亞**地區，

早在 **5000 多年前**
就已經出現在人們的**食譜**中。

古埃及人認為吃大蒜
能**消除疲勞**和**保持健康**，

所以建金字塔的工人

每天都要**吃大蒜**，

要是**發現**伙食裡**少了**大蒜，

他們還會**罷工抗議**……

工頭們就得給他們**大蒜加餐**，

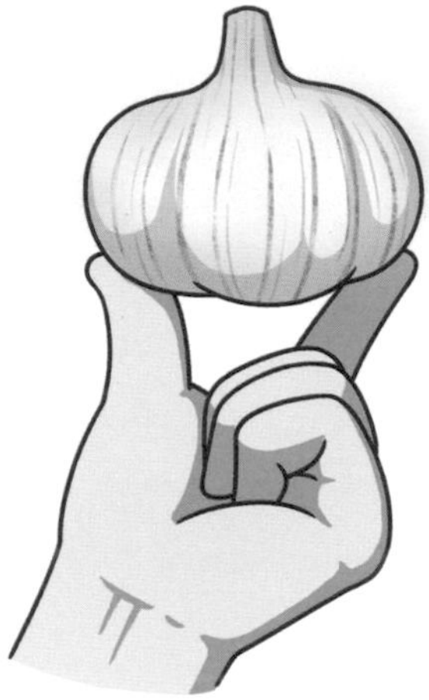

才能把他們**哄回來**……

貴族們同樣也**逃不過**大蒜的**誘惑**，

幾乎所有**法老**的陵墓中都**囤著蒜**，

以確保自己**「來生」**
還**有得吃**……

不過，
大蒜可**不只是**「美食」而已。

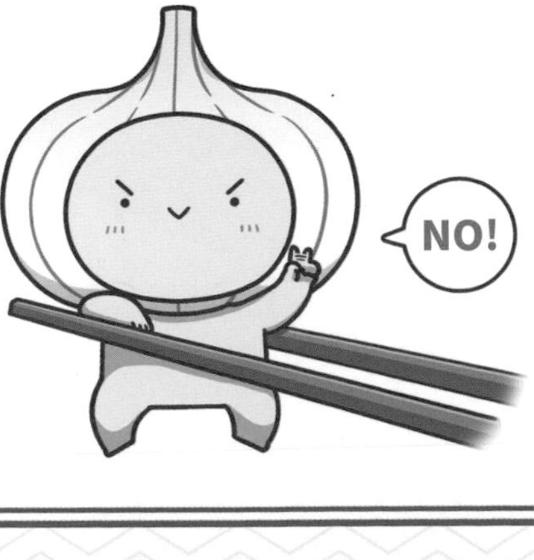

古希臘的名醫**希波克拉底**就認為
大蒜是一味**「靈藥」**。

消化不良？

吃大蒜！

肺病？

吃大蒜！

月經不順？

還是**吃大蒜！**

（這一定是有什麼誤會吧！）

古羅馬士兵則把大蒜
當作必備**軍需品**，

一打仗就來**兩大顆**，

滿嘴**火辣辣**後

進入**「狂暴」**狀態……

所以幾乎可以說，

哪裡有**古羅馬帝國**的**鐵騎**，

哪裡就飄著一股**蒜味**……

而既然好吃又好用，
自然**逃不過**我們**華夏人民**的慧眼。

大蒜的傳入
還**多虧了**一個人，

他就是**張騫**！

《**正部**》記載：

張騫使還，始得大蒜、苜蓿。

張騫奉命**出使西域**，

返回漢朝時便攜帶了
大量**異域物種**，

這裡面……就有**大蒜**。

大蒜一經傳入就**迅速走紅了**！

東漢時期就已**遍及全國**，

人氣直逼當時的小麥。

反正就是**魅力爆表**！

可是，

任憑**「大蒜粉」**們誇得**天花亂墜**，

「大蒜黑」們還是一點都**不買帳**……

原因只有一個：

氣味太重！

吃過大蒜的人都知道，

它有種**特別刺鼻**的**刺激性**氣味……

而且有**研究發現**，

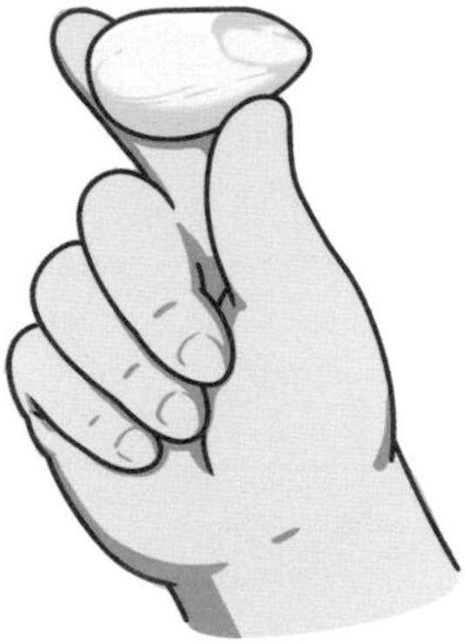

吃**一瓣蒜**，

蒜味能在人身上
持續大約 **16 個小時**。
（真是很持久呢……）

那麼這味道到底**從哪裡來的呢**？

這得歸因於一種**神奇**的**物質**——

蒜素！

在蒜瓣**完好**時，

大蒜的**味道**其實**並不重**。

可一旦蒜瓣被**切割**、**壓碎**，

內部就會反應，

形成有**刺鼻氣味**的蒜素。

最有意思的是，
正是這臭臭的**蒜素**
讓大蒜有了**各種功效**——

所以說，
欲享其效，必承其臭啊……

不過話又說回來，
這麼一股「小小的氣味」
哪裡能阻擋各路老饕！

臘八蒜、

蒜燒排骨、

蒜爆羊肉，

以及最讓人流口水的

蒜蓉燒烤系列……

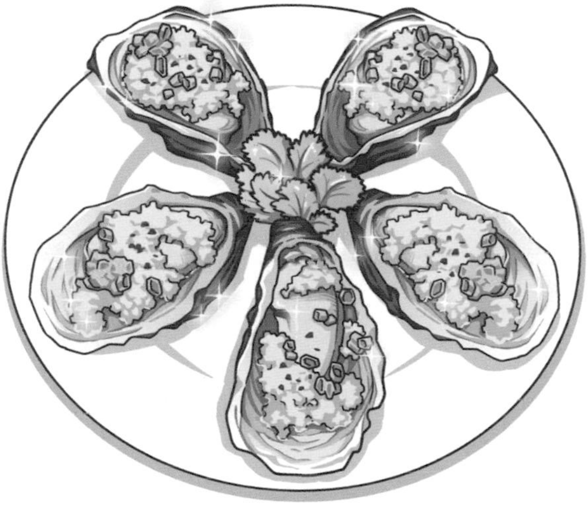

那畫面太美！

其實**吃完大蒜**後，

以小口慢嚥的方法**喝溫牛奶**，

或者用**濃茶**漱口，

都可以起到一定的**除味**效果。

從曾經的**藥用食材**，

到如今的**日常佐料**，

看似**「平平無奇」**的大蒜，
陪伴著人類
走過了漫**長旅程**……

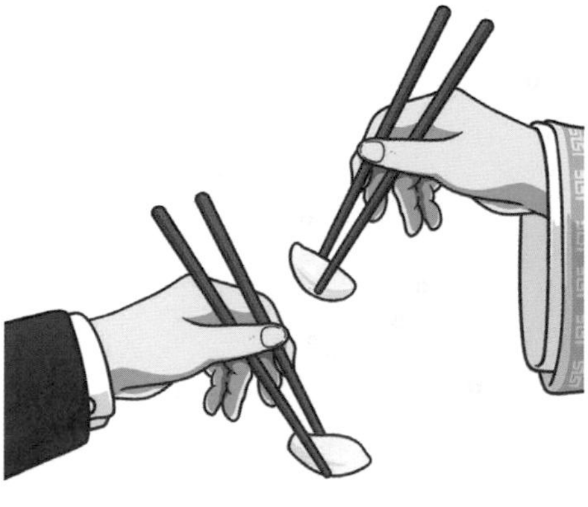

【完】

附錄

【老蒜也有用】

大蒜在採收後不久還會再次發芽。這時蒜瓣的營養會被嫩芽吸收，逐漸變得乾癟，然後常被人們丟棄。但有研究顯示，大蒜再次發芽後，會在第五天具有更高的抗氧化活性，或有利於心臟健康。

【「萬能」靈藥】

大蒜所含有的蒜素（Allicin）彷彿一種「萬能藥」，不僅能幫人類降低膽固醇、預防心血管疾病，還能治豬的破傷風，增強雞的免疫力，提高水產動物的存活率，甚至為同為植物的番茄、小麥等抵抗有害真菌，保護它們健康成長。

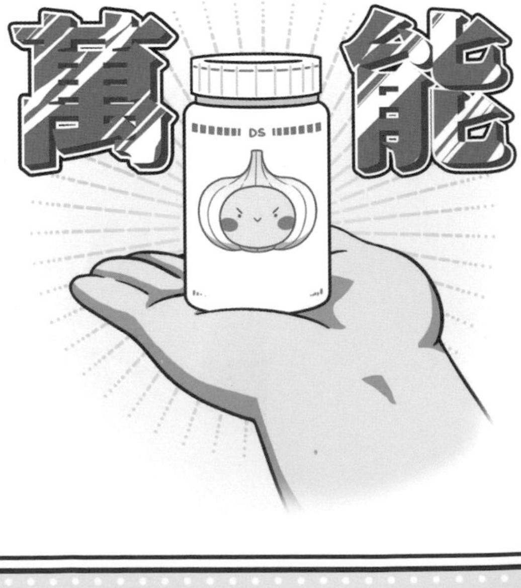

附錄

【無臭大蒜】

現在有研究試圖在保留大蒜營養成分不變的情況下，消除大蒜的刺激性氣味，如物理吸附氣味，或進行乾燥、脫水削弱其味道，還有用甘草、金銀花的溶液浸泡脫味等，以創造「無臭大蒜」，使大蒜能被更廣泛地接受。

【絕妙搭配】

平常在做肉類料理或海鮮料理時加入大蒜，能夠有效去除其中的腥味、膻味，因為大蒜所含的蒜素等能夠溶解一種產生異味的三甲胺，讓食材更加鮮美。這正是蒜泥白肉、蒜蓉蒸魚、蒜蓉扇貝等菜餚可口的奧祕。

附錄

【大蒜慶典】

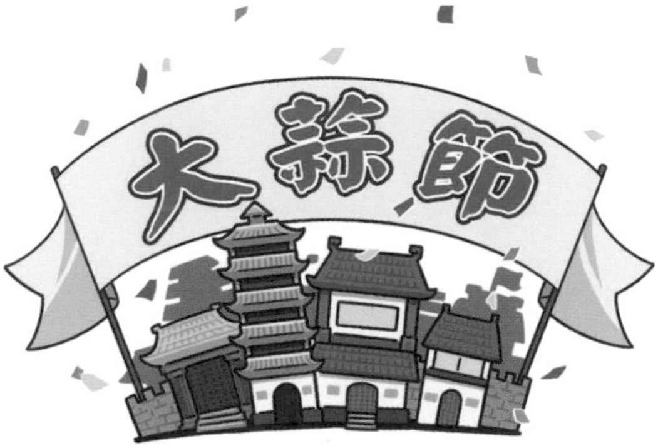

美國加州的格來鎮號稱「世界大蒜之都」，1979 年起開始舉辦大蒜節，節日期間鎮上居民們會烹調大蒜美食，出售蒜蓉、蒜味乳酪等產品。而中國山東金鄉縣被譽為「蒜鄉」，也常舉辦大蒜節，來研討大蒜種植技術或進行商業交流。

【精緻大蒜】

大蒜需要一個舒適的環境來成長。它喜歡涼爽的天氣，溫度最好控制在 12 到 25°C；同時，它要求每天長達 12 小時的日照、極其肥沃的土壤，還要最適當的水分，水分過少會使大蒜難生長，過多則會泡爛根部，真是非常「精緻」的植物。

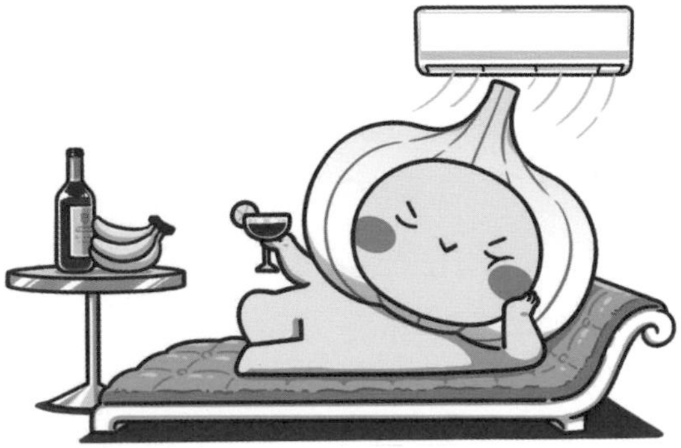

另外就是

提到大蒜，很多人第一時間想到的都是那經久不散的濃濃蒜味。儘管如此，也沒能阻擋它在全世界廣受歡迎。像法國的阿爾勒、義大利的沃吉耶拉、英國的紐徹奇、加拿大的珀斯，每年八月都會用幾天慶祝「大蒜節」；而中國二〇一九年的蒜產量超過二千三百三十萬噸，世界排名第一。

大蒜之所以這麼受歡迎，除了為菜餚調味外，藥用價值也是一個重要原因。一八五八年法國微生物學家、化學家路易士・巴斯德證明了大蒜汁可以殺菌。大蒜在第一次世界大戰中，被當作抗生素廣泛用於傷患的治療。即使在青黴素已經被大量使用的第二次世界大戰中，蘇聯紅軍在青黴素庫存耗盡時仍然會選擇用大蒜來殺菌。大蒜也因此一度被稱為「俄羅斯青黴素」。此外，當代科學家發現大蒜裡的蒜素在分解後會生成一種叫阿霍烯（Ajoene）的硫化物，對降血壓、延緩衰老、改善高膽固醇和抗癌都具有積極的作用。

四格小劇場

【第9話 你是小雞嗎？】

荔枝的原來如此

如果有 **55.5 萬**元，
你會拿它**幹什麼**呢？

是**購物**？

還是**旅遊**？

呃……其實還**可以考慮**……

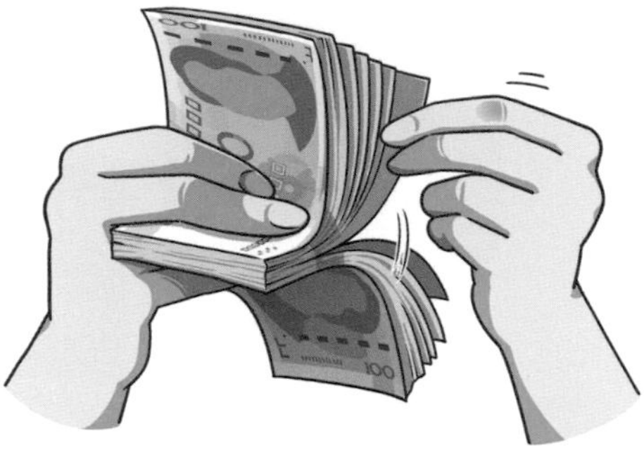

買一顆荔枝！

（是的，我真的沒有開玩笑！）

早在 **2002 年**廣州**增城**的拍賣會上，

就有人以 **55.5 萬**元

拍下了一顆**荔枝**……

你是不是很**疑惑**：
荔枝這種**每年夏天**
都能**吃**到的水果，

為什麼能賣出這**天價**呢？

我們從頭來說說——

荔枝

以 **「色、香、味皆美」** 聞名於世。

目前**國際**上

將荔枝分為**三個亞種**，

而真正**商業化**的就只有一個亞種——

中國荔枝。

註：聯合國糧食及農業組織（FAO）：「荔枝（litchi chinesis Sonn.）是無患子科重要的成員之一……荔枝屬還包含其他兩種尚未商業化的亞種，菲律賓亞種……爪哇亞種……」

也就是說，我們現在

吃的**各種荔枝**都**由它發展**而來。

順帶一提，荔枝的**英文名 lychee**

也是根據**中文音譯**的。

荔枝

↓

lychee

荔枝原產於**中國南部**。

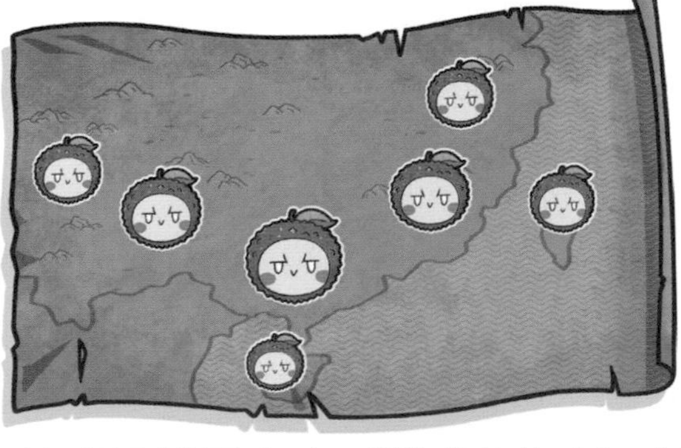

註：聯合國糧食及農業組織（FAO）：「荔枝（litchi chinesis Sonn.）原產於中國南方地區，最初主要分布在亞熱帶南部至熱帶北部一帶。……中國作為荔枝的原產地，是最早進行荔枝栽種的國家。」

雖然搞不清是**什麼時候**開始種的，

但根據現有**史料**，
早在 **2000 多年前**，荔枝就已是
地方呈給中央的**「高級貢品」**。

西晉、**隋唐**時期，
荔枝已經是著名的**「南方珍果」**。

一直到 **1990 年代**以前，
荔枝仍屬於**珍稀水果**。

註：「中國是世界上栽培荔枝最早和最多的國家……
1990 年代以前，荔枝屬於珍稀水果。」

也就是說，
其實**從古到今**，
荔枝一直都很**「貴」**！

但這是**為什麼呢**？

這大概跟荔枝的**生長習性**有關。

荔枝非常**「挑剔」**，

它生長的**各個階段**
對**溫度**、**水分**、**日照**等的要求
都很高。

以**廣東荔枝**為例，

在**開花期**，
環境溫度最好得保持在 **18-24°C**。

低了則開**花少**，

花少
太冷了，
我都不願意開的。

高了又容易導致**「燒花」**。

燒花

註：燒花現象一般由天氣乾旱導致，多發生在花量多而密集的盛花期，為保證花朵成功授粉受精，需要噴水以增加花穗的濕度。

此外，最好每隔 **3-5 天**得來場**小陣雨**，

保證**適量**的**水分**，

這樣才能順利**開花結果**。

（阿荔真的超嚴格……）

可想而知，

對環境的**要求高**，

讓荔枝的**種植推廣**變得**非常困難**。

西漢時，
漢武帝就試過在**北方**種荔枝。

為了**呵護荔枝樹**，
他甚至還專門建了一個**扶荔宮**。

可是**年年種**，

年年死……

搞得漢武帝不得不**放棄**……

種不了，卻**想吃**……

（怎麼辦？）

只能派人**千里迢迢**地去運。

這一來二去，

荔枝的**身價**自然**往上飆升**。

直到 **18 世紀**左右，

人們逐漸**摸清**荔枝的**生長規律**，
並嘗試在**氣候環境相似**的地方種，

這才慢慢**成功**。

隨著**產量**的**增加**，
荔枝也開始**走出國門**。

（印度、南非、美國、泰國……）

好東西哪有人不愛呢！

荔枝那**精緻的外表**，

香甜的氣味，

嬌嫩多汁的口感，

簡直讓人一開口就**停不下來**！

但可惜的是，由於太**「嬌貴」**，
荔枝暫時**做不到**全年供應。

簡單來說就是，
人們得**吃兩個月，想十個月**……

這天然的**「饑餓行銷」**
又恰好維持了荔枝的**珍寶**設定。

「一果上市，百果讓路」！

荔枝自然繼續**享受**著
人們的**思念**和**喜愛**……

那麼，既然**好吃**又**難得**，
是不是**一口氣**吃個**過癮**呢？

呃……等等……

研究發現，
荔枝再美味，**瘋吃**也是**不行**的。

近些年，荔枝上市後，
總有人因為吃荔枝引起**身體不適**。

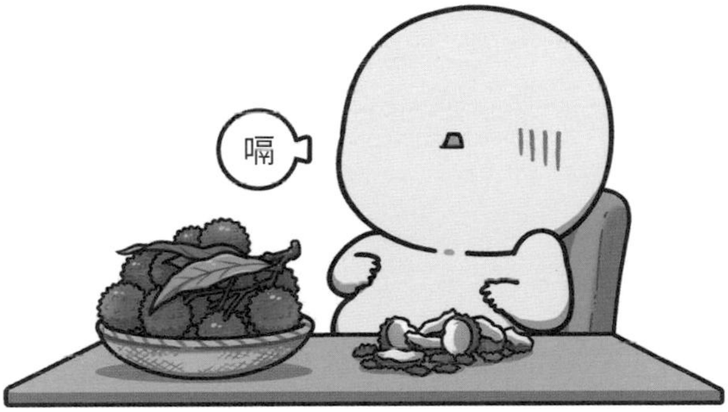

有些是**頭暈**、**出汗**、**乏力**，

嚴重的甚至**抽搐**和突然**昏迷**。

人們稱其為**「荔枝病」**。

究其原因，
是由於**短時間**吃**大量**荔枝

容易引發**低血糖**，

進而導致這**一系列症狀**。

所以，
荔枝再好吃也要**適量**唷！

從古時候的**皇室貢品**，

到如今百姓的**時令水果**，

荔枝的美依然是那麼讓人**陶醉**。

正所謂，

「一騎紅塵妃子笑，

無人知是荔枝來」。

無論在**哪個時空**，

荔枝都**好棒**！

【完】

附錄

【人見人愛】

中國歷史上，無數名人都為荔枝傾倒。例如：唐代宰相張九齡就在《荔枝賦並序》中稱它為「百果之中，無一可比。」白居易、杜甫、杜牧、歐陽修、蘇軾、蘇轍、曾鞏、陸遊等都寫過荔枝相關的詩。

【荔枝也過節】

人們會舉辦「荔枝節」，例如：深圳就一度將活動日期訂在每年6月28日到7月8日。「荔枝節」也遠不止這一個，廣東增城、茂銘和東莞等地也有。大家透過開展各種文化、商業活動來一起慶祝。

附錄

【連中三元】

古代科舉的鄉試、會試和殿試，第一名分別叫解元、會元、狀元。「連中三元」就是三場都考了第一。而民間則以荔枝、桂圓及核桃象徵三元。據說是因為都是圓形，而圓與「元」同音，取個好兆頭。

【天價荔枝】

「天價掛綠」出自中國增城掛綠母樹。這棵樹 400 多歲了，1970 年代還一度不產果，被細心呵護才重獲生機。所以它的果都非常珍貴。現在掛綠荔枝不再拍賣，而是在當地作為文化贈品。贈予對中國增城有特別貢獻的人。

附錄

【品種眾多】

我國荔枝種植獨具優勢，培育有白糖罌、黑葉、三月紅、蘭竹、桂味、糯米糍、妃子笑等品種。而近年來，不僅在海南培育出了果大無核的荔枝，還把這種技術「出口」到了澳大利亞。

【酒駕疑雲】

民間有一種說法：「荔枝吃一顆酒駕。」而測試發現吃完荔枝立刻做檢測，體內酒精含量確實會達到酒醉駕車的標準，不過很快會恢復正常。所以開車前除了不飲酒，荔枝這樣的食物也需要注意。

另外就是

說起荔枝來明明那麼甜，但吃多了卻會導致低血糖，也就是常說的「荔枝病」。這到底是為什麼呢？

一是因為荔枝八〇%都是水，只有一五%是糖，就算吃到飽，提供給身體的能量也是有限的；二是荔枝甜甜的味道會影響我們的食欲，簡單來說就是吃膩了，容易不想吃其他的東西。

除此之外，荔枝中還含有叫作次甘氨酸A和亞甲環丙基甘氨酸的物質。這兩種物質都是「降糖素」，會阻礙人體在血糖過低時將體內的脂肪和蛋白質轉換成糖的代謝過程。所以，如果空腹吃了大量荔枝，或者因荔枝吃飽、吃膩了，而長時間沒有吃別的東西的話，身體就很容易出現低血糖的症狀。尤其對於體內糖原儲存比較少的孩子來說，更容易出現「荔枝病」。「荔枝病」更具體的成因目前仍在研究中，但對普通人來說，記得吃荔枝要適量，不要空腹吃，也不要吃沒熟的荔枝就夠了。

肥志與小黃

四格小劇場

【第10話　小鳳凰】

鳳凰一族
都長你這樣嗎？
當然不是，
我們從天地形成以來
就是高顏值一族。
且鳳是雄性，
凰是雌性。
那麼
你是……？
我是個可愛的
小女孩。

草莓的原來如此

「水果自由」

是人們用來**調侃**水果價格的說法。

而由於**天氣**等原因，

水果的**價格**就會**隨之波動**。

例如：**櫻桃、荔枝**

一類的時令**「貴族水果」**，

碰到**收成不好**的時候，

價格肯定能**讓你冷靜**下來……

可有**一種水果**，

只要它**上架**，

就會被**買爆**！

這就是**草莓**！

草莓的**歷史**

最早能追溯到

古羅馬和**古希臘**時期，

但因為**不是主要**的農產品，

所以**沒多少**對它的記載……

呃……

詩歌裡倒是偶爾會提**一兩句**。

到 **14 世紀**，

人們將草莓從**野外**移栽到**花園**中，

這才開始**正式種植**。

當時的草莓

更多是作為**觀賞性植物**。

人們**看**它的**花**
多過在意它的**「果實」**。

到後來，
草莓本身……才漸漸被**注意**……

順帶一說，
大家通常以為的**「果實」**部分
其實是它的**花托**。

表面那些**「芝麻」**
才是草莓真正的**果實**。

註：中國國家地理《水果系列之囫圇吞草莓》：「我們吃在嘴裡的草莓，有滋有味的部分實際上是花托膨大後形成的，而真正如芝麻大小的果實則是「附屬品」——這種許多體型小巧的真正果實聚集在膨大花托的周圍，合成一個大果實的模樣，被稱為「聚合果」。」

野生草莓個子小，

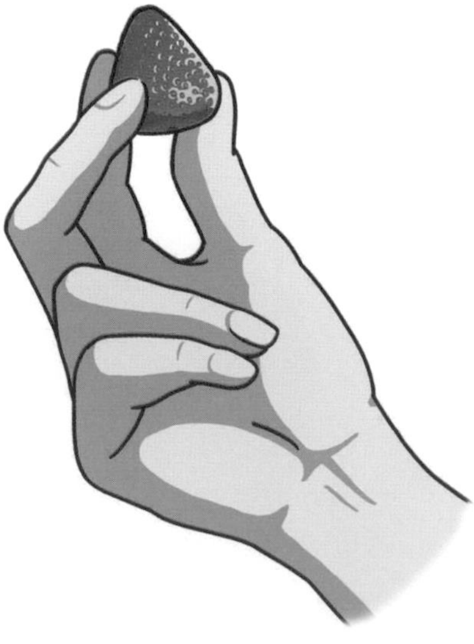

即使園丁**精心培育**，
也才長到**樹莓**那麼大。

在那時，
醫生和**藥劑師**把草莓當**藥**來用。

書裡還記載著
草莓能**治病的**各種傳說，

連**口臭**都能治……

（真的假的……？）

但**那時**的草莓
跟我們**熟知**的水果
還**不是**一回事。

現代草莓

還得從一個**「間諜」**講起——

他就是**弗雷齊爾**！

(Amédée Francois Frézier)

18 世紀，法國國王路易十四

派遣**偵察團**去**智利**「刺探情報」，

弗雷齊爾就是**成員之一**。

在**工作**過程中，
弗雷齊爾偶然發現了**當地**的草莓。

它雖然**味道一般**，

但個子卻**特別大**。

於是乎，
當弗雷齊爾回國時
就將**五株**智利草莓**帶回歐洲**栽種。

但**水果**大概也會**「水土不服」**吧。

這些植株來到**歐洲**後，

卻老是**不結果**……

植物學家們經過多年**努力研究**

才搞清楚**原因**。

（原來帶回的全是雌株，無法授粉結果。）

最終，
他們用**北美的佛州草莓**
為**智利草莓**授粉。

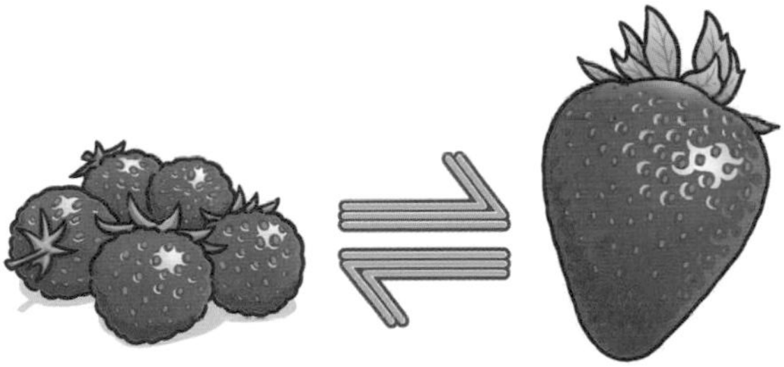

兩種「外地草莓」**一拍即合**，

這才**誕生了**新的草莓！

這種草莓**全身**都是優點，
個子大、**多汁**，還帶著點
淡淡的**鳳梨香味**，

於是它被命名為

鳳梨草莓

就是**現代**食用草莓的**源頭**。

註：2018 國家自然科學基金項目《中國草莓屬植物種質資源的研究、開發與利用進展》：「……歐洲產生了智利草莓與佛州草莓的自然雜交種鳳梨草莓，因其果形風味均與鳳梨相似而得名，別名大果草莓，這是近代草莓栽培品種的祖先。鳳梨草莓出現後，草莓開始被廣泛栽培。」

它從歐洲**被推廣**到全世界，

自然也來到了**大中華**！

（20 世紀初）

而隨著**育種**和**研究**的進一步**發展**，

草莓出現了許多**明星品種**。

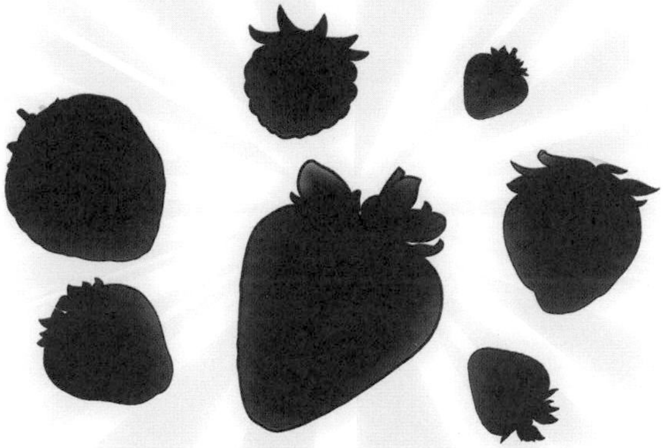

例如：以**味道**取勝的有甚至還有

中國的紅袖添香、

美國的甜查理、

日本的章姬，

以**外形**驚豔的

白雪公主。

從那時開始，
全世界就在努力不懈地
培育各種**新草莓**。

但**為什麼**草莓能這麼**得人喜愛**呢？

除了形態**嬌憨可愛**，

口感**鮮嫩多汁**外，

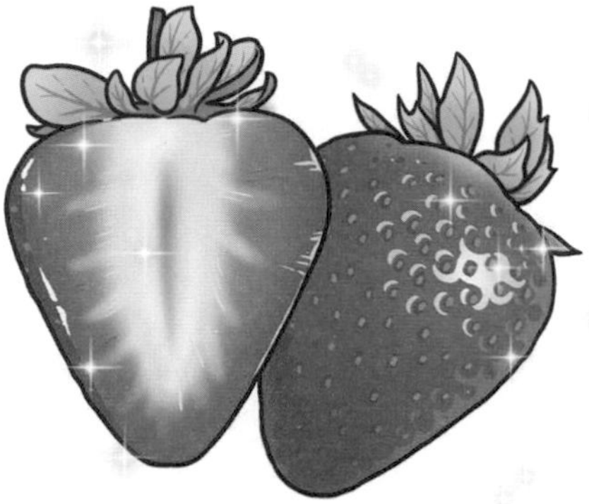

我想……

它確實是**很好吃**！

最妙的是，

草莓吃起來**甜**，

但它卻並**不是「高糖食物」**。

有人做過**實驗**，

等量的情況下，
藍莓的**含糖量**近乎是草莓的**兩倍**。

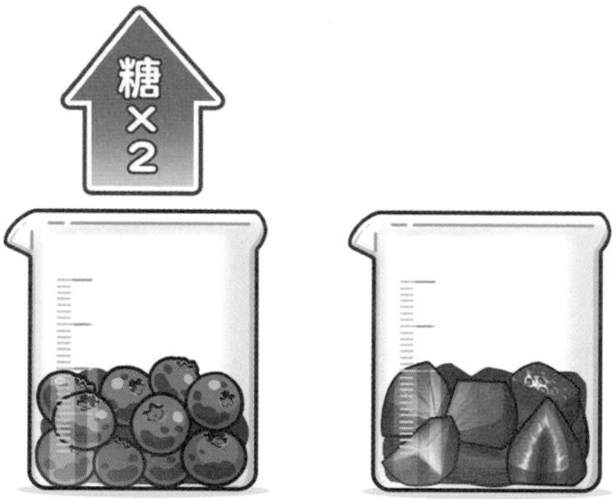

但吃起來，**草莓**明顯會**更甜**！

這是為什麼呢？

其中一個**重要原因**是：

香氣！

草莓中的一些**分子**

會**增強**人對甜味的**感知**，

讓人**「以為」**自己攝取了很多**糖分**，
也就覺得**更甜**啦！

如今，
草莓的吃法已經**花樣百出**。

無論哪種，

都讓人**心動不已**……

在**疲憊**的日子裡，

吃一顆草莓，

是不是也覺得自己**變可愛**了？

【完】

附錄

【五顏六色的草莓】

在人們的努力下，草莓可能會「大變身」。例如：在上海舉辦的「首屆中日多色草莓發展論壇」裡，兩國的草莓專家探討了多色草莓的種植。據說中國有公司計畫近幾年種出黑色、黃色、藍色和綠色草莓……

【大大大！】

如今草莓能長這麼大，原因之一是使用了叫作「膨大劑」的植物生長調節劑。它能夠促進細胞增大和分化，植物果實也就隨之長得更大了。其實不僅是草莓，在種西瓜、葡萄、奇異果的時候也會用到它。

附錄

【為什麼「長殘了」?】

草莓長得奇怪，主要有兩個原因：一是因為種子。草莓的種子分布在表面的「芝麻」裡，如果它們不分泌生長激素，花托就會膨大得不均勻。二是花托本身就長得不規則。例如：有「手形」或「雞冠形」等。

【「草莓月亮」】

北美阿爾岡昆部落（Algonquin）給6月份的滿月取了個可愛的暱稱——「草莓月亮」。他們認為這是草莓成熟的時候，會大批量採收草莓。不過這時的月亮並不是草莓的顏色，而是淡淡的琥珀色。

附錄

【草莓大國】

自引入草莓以來，我國科學家就一直在鑽研：如何與本地野草莓結合，如何培育出更好的品種等。據統計，近些年全世界小漿果品類中草莓的種植產量居首位，而中國是世界上最大的草莓生產國之一。

【別太怕掉色】

為什麼從正規管道購買的草莓會掉色？草莓紅，是因為其中有大量水溶性花青素，當細胞破損時就會溶解在水中，造成「掉色」的效果。有類似效果的還有葡萄、芝麻、花生等。

另外就是

如今我們常吃的草莓，雖然只有不到三百年的栽培歷史，但這並不影響人們對它的喜愛。

例如：美國很多地方都會舉辦草莓節來慶祝草莓豐收，除了展示、出售草莓，還會有「吃草莓大賽」等各種與草莓有關的比賽和娛樂活動。而在英國，「草莓加奶油」則是溫布頓網球錦標賽最著名的「非官方標誌」。因為觀眾會在兩週時間裡吃掉二十八公噸草莓和七千公升奶油。

人們愛吃草莓，也沒有停止改進草莓的口味。自一九八八年起，國際園藝學會每四年都會舉辦一次世界草莓大會。大會上，人們交流種植草莓的技術，並分享培育出的最新品種。目前，經過不斷選育，全世界的草莓栽培品種已有二千多個。例如：來自日本，吃起來會有奶香味的「奶油草莓」，果形細長、口感偏甜的「香蕉草莓」……總之，希望科學家們可以繼續努力，讓我們吃到更多更好吃的草莓呀！

肥志與小黃

四格小劇場

【第11話　多大了？】

等下，你說天地形成以來……
你到底多少歲啊？
怎麼可以問
女生的年齡呢！
不過我不是創世時就誕生，
所以年齡還小……
今年只有三千歲。

竹子的原來如此

你……

會在哪裡見到**竹子**呢？

可能是家裡不起眼的**竹席**，

可能是爺爺躺著的**竹椅**，

或者，
是**大熊貓**捧著的**大餐**……

反正，
這個印象中有點**「古代」**的東西
仍然**充斥**在**現代**社會裡。

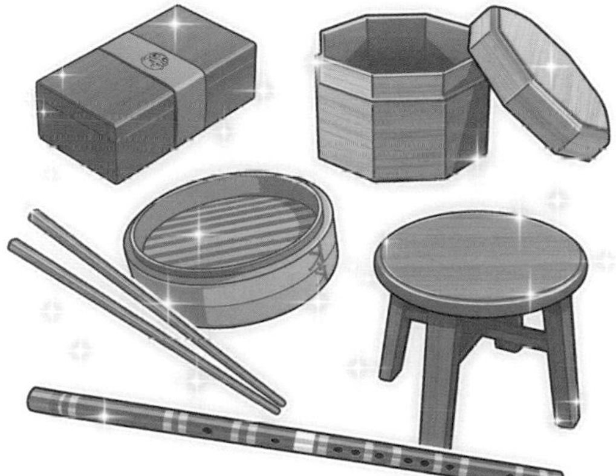

那麼竹子又有**什麼故事**呢？

竹子是**大自然**中
一種常見的**禾本科**植物。

別看樣子大多**高高瘦瘦**，

但它的**身分**……

其實是一種**草**……

至少在 **4300 萬年**前，

亞洲已經有了**竹林**的存在。

它的繁衍主要**不是靠種子**，

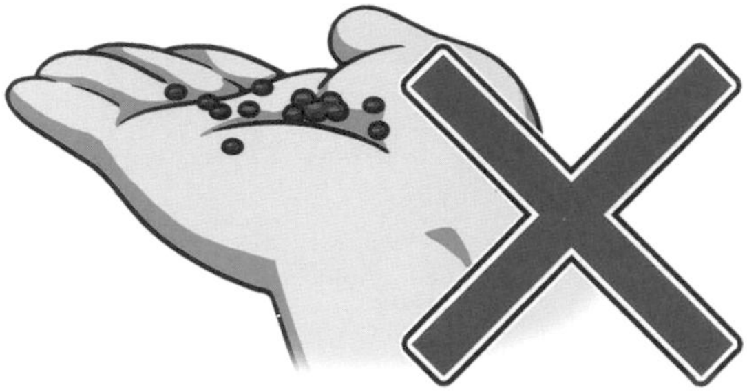

而是靠竹子底下的**地下莖**。

像我國最普通的**毛竹**，

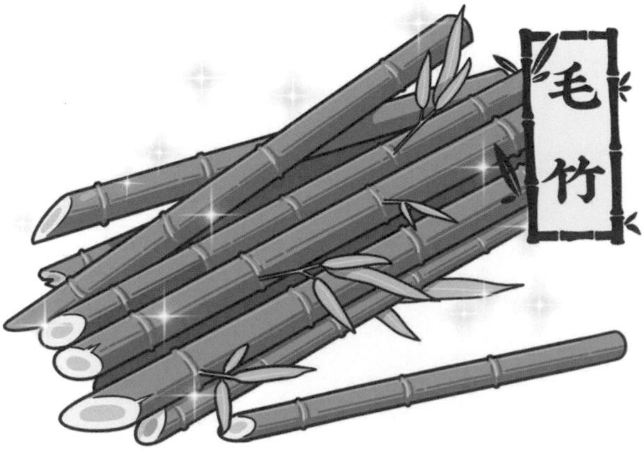

它的**地下莖**就能在土裡**橫行**。

等到**時機成熟**，
便會抽出**筍尖**，

長成**新**的竹子！

我們的祖先在**石器時代**，

已經學會了**編竹子**的技藝，

加上取材**方便**又好加工，

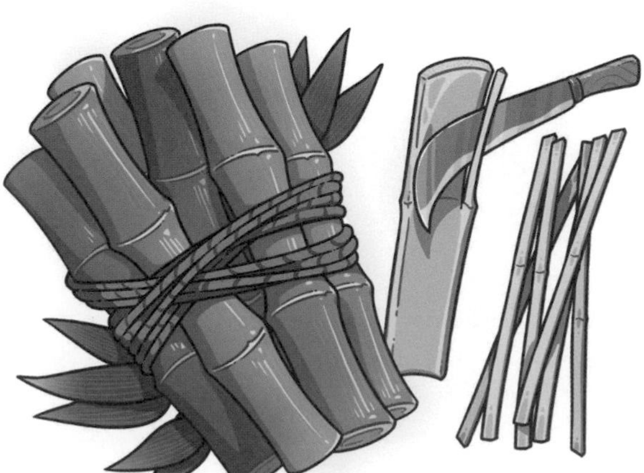

竹子慢慢地**融入**了
人們的**日常生活**中。

例如：**東周**的時候，

竹簍、竹扇、竹枕、竹席……
這些東西已經**隨處可見**。

流傳到今天的工藝

其實都是繼承了**老祖宗**的發明。

竹筍作為竹子的**幼芽**，

自古就是老饕們的最愛！

據《東觀漢記》記載，
東漢名將馬援
曾經在荔浦發現冬筍。

他一嚐，
發現這筍居然好**吃極**了！

而且他**不僅**自己吃，
還將它**推薦給**了漢光武帝。

等到**魏晉南北朝**時期，

大量中原人
遷到竹林遍地的**南方**，

竹筍
才成了**普通人**能吃到的**美味**！

隨著竹子跟人交集**越來越多**，

它的一些**特點**
也**引起**了人們的**注意**。

例如：

竹子**身形挺拔**有君子之姿，

常青不凋似君子傲骨，

加上**竹影清疏**、**意境悠遠**……

竹子就慢慢**成為**了
文人們**追捧**的對象。

往前有**嵇康**、**阮籍**等
七位玄學名家，

經常在竹林**縱情歌酒**，

世稱**「竹林七賢」**！

往後更有

白居易、**蘇東坡**等名人

直接向竹子**表白**！

註：白居易：「竹之於草木，猶賢之於眾庶。」
蘇東坡：「寧可食無肉，不可居無竹。
無肉令人瘦，無竹令人俗。」

歷史上，
蘇東坡還有個好兄弟叫**文同**，

不僅跟蘇東坡一樣**都喜歡竹子**，

而且**畫竹**特別厲害！

據說他**作畫之前**，

心裡往往已經**有**了竹子的全貌。

成語**「胸有成竹」**說的正是他！

此後，

竹子在**中國文化圈**裡的標籤

越來越多。

它與**松樹和梅花**
合稱**「歲寒三友」**！

跟**梅**、**蘭**、**菊**
更是並稱**「花中四君子」**！

歷經千年的歲月，

竹子仍然是**文人墨客**們推崇的對象。

順帶一提，

「歲寒三友」

在鄰國**日本**也很**有人氣**。

只不過，

它們在島國還多了**吉祥**的意思。

而且按等級，**松是老大**，

竹子老二，**梅花老三**。

大到**天皇皇宮**的正殿，

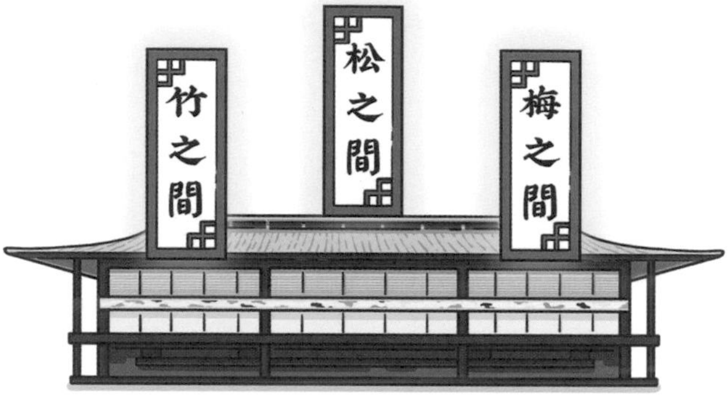

小到**日料**店的菜牌，
都是**按**這個**順序**排名。

而到了**現代**，
竹子仍然表現著其**重要性**。

光是**中國**

就已經有**近萬種**竹子產品，

僅 **2016 年**整年，

產值就高達 **2109 億元**，

是**世界最大**的竹產品**出口國**。

尤其是**近年來**，

科學家們還研發出了**竹基複合材料**，

甚至能代替**鋼鐵**、**塑膠**、**水泥**，

應用到**各個領域**。

從**遠古到如今**，

竹子**一路陪伴**著人類。

它**不起眼**，

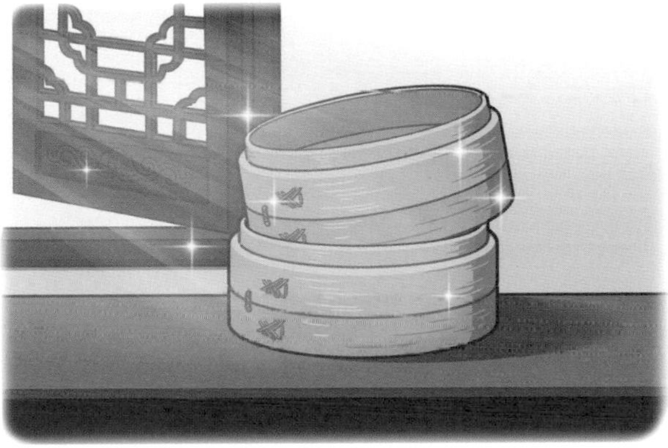

卻**一直都在**。

在這喧囂的**「石頭城」**裡，

竹子**依然**保持著

它那份**淡然**和**優雅**。

例如：

串著羊肉烤的時候……

哎，真香！

【完】

附錄

【發光的竹子】

最初的電燈泡用的是竹絲，因為竹絲在碳化以後通電會發光發熱，而且能在真空中通電數百小時也不會燒斷。愛迪生的鎢絲燈泡也是在竹絲燈泡的基礎上改良的。

【限竹令】

竹子在美國長島和康乃迪克州被立法限制種植，違者將面臨罰款。這是因為竹子的地下莖不僅蔓延速度很快，而且穿透力很強，會破壞房屋和公共設施。

附錄

【竹子冒汗】

「留取丹心照汗青」的「汗青」指的是史冊，但它的原意則是指製作竹簡的工序。古人多用青竹製作竹簡來記錄，但新鮮竹子水分足、不方便書寫，人們便透過炙烤讓水分流出，就像竹子在冒汗。

【鳳凰的口糧】

鳳凰除「非梧桐不棲」外，還「非竹實不食」，而「竹實」指的就是竹米。竹子的壽命有 40 到 80 年，即將枯萎時就會結出竹米。大概因竹實稀有，所以才被當作是鳳凰的食物。

附錄

【竹夫人】

古人常用「竹夫人」消暑。這是一種用竹子編織的空心抱枕。據說因為天熱時人們抱著它乘涼，就像跟抱著老婆一樣親密，所以戲稱它為「夫人」。現在東南亞和日本還能看見竹夫人的身影。

【熊貓最愛】

雖然大熊貓是雜食性動物，但是竹子毫無疑問是它們的最愛。據學者研究，熊貓的「菜單」裡99%都是竹子。熊貓吃竹子還特別講究，它們獨愛竹葉和竹筍這些嫩嫩的部位，一天能吃下40公斤竹筍。

另外就是

古人說：「嶢嶢者易缺。」意思是高而直的東西很容易折斷。但竹子雖然細細長長，要折斷卻很難。這到底是為什麼呢？

第一是材料。劈開一根竹子，能看到沿著竹子生長的方向排列了不少細密的紋路。這些「紋路」其實是竹子運輸水分、礦物質的維管束。它們不但數量多，而且還含有韌性好、質地緊密的纖維，給竹子帶來了很高的剛性和抗拉能力。

第二是結構。除了竹子空心比實心更抗彎，有竹節支撐外，竹壁的結構也很講究。在竹壁的最外層，維管束和竹纖維最多，因此硬度也最高；越向內，情況則正好相反。一外一裡，恰好符合「物體邊緣承受的正應力最大」的物理學原理。

根據材料力學專家的計算，我國常見的毛竹抗拉強度一般在 195MPa 左右，是普通軟鋼的一半。有這麼強硬的「筋骨」，竹子被用來做成各種堅固的複合材料，甚至在一些領域代替鋼鐵，也就能理解了。

肥志與小黃

四格小劇場

【第12話 法術】

這就是你們鳳凰一族的法術嗎？
沒錯！而且我們有鳳凰一族的祕技之書。
想要的法術和道具都可以自學。
?!
啊……等等！
我給你表演下這個巨化之術。
啊……不好意思……沒控制好。

樂觀與勇敢

BE BRIGHT & BRAVE

FATCHI ENCYCLOPEDIA